FORSCHUNGSBERICHT DES LANDES NORDRHEIN-WESTFALEN

Nr. 2574/Fachgruppe Hüttenwesen/Werkstoffkunde

Herausgegeben im Auftrage des Ministerpräsidenten Heinz Kühn
vom Minister für Wissenschaft und Forschung Johannes Rau

Prof. Dr.-Ing. Reiner Kopp
Dr.-Ing. Herbert Wiegels
Institut für Bildsame Formgebung
der Rhein.-Westf. Techn. Hochschule Aachen

Zur Berechnung des Kraft- und Arbeitsbedarfes beim Strangpressen

Westdeutscher Verlag 1976

© 1976 by Westdeutscher Verlag GmbH, Opladen
Gesamtherstellung: Westdeutscher Verlag

ISBN-13: 978-3-531-02574-2   e-ISBN-13: 978-3-322-88310-0
DOI: 10.1007/978-3-322-88310-0

I n h a l t

1   Einleitung

Die Arbeit setzt sich im wesentlichen mit den aus der Literatur bekannten praxisbezogenen Kraft-Berechnungsmethoden für Voll-Rund-Querschnitte auseinander.

Zunächst wird versucht, den Formelaufbau zu analysieren und Grenzen des Gültigkeitsbereiches sichtbar zu machen.

Das Ziel der Analyse sollte sein, der Industrie eine oder einige brauchbare Kraftberechnungsformeln für das Strangpressen von Rundquerschnitten zu empfehlen. Als Entscheidungsgrundlagen für diese Empfehlungen dienen Ergebnisse einer Lösung der höheren Plastizitätstheorie und ein Vergleich mit Meßwerten. Auf mögliche künftige Entwicklungen bei der Berechnung der Strangpreßkräfte wird kurz eingegangen.

2   Analyse und Diskussion der Preßkraftformeln

Von den in der Literatur bekannt gewordenen Formeln konnten 33 in die Diskussion einbezogen werden. Bei einigen anderen (hauptsächlich aus nicht westeuropäischer Literatur) konnten die verwendeten Symbole bisher nicht eindeutig definiert werden. Die einzelnen Formeln und ihre Quellen sind am Ende dieses Berichtes aufgeführt. Es handelt sich im wesentlichen um die Gleichungen von Siebel/Fink, Akeret/Künzli, Sachs/Eisbein, Fritzsch/Kögel, Siebel/Fangmeier usw.

In Bild 1 sind die allgemein üblichen Ableitungsprinzipien genannt, die bei der Entwicklung sog. elementarer Kraftberechnungsformeln angewendet werden. Demnach lassen sich ausnahmslos alle Preßkraftformeln in eine der drei aufgeführten Gruppen einordnen:
- Arbeitsbetrachtung
- Gleichgewichtsbetrachtung
- empirisches Vorgehen.

Bei der Arbeitsbetrachtung denkt man sich die gesamte Arbeit W_{ges} aus einem ideellen Teil, einem Reibungsteil in der Matrize, einem Schiebungsteil in der Umformzone, einem Reibungsteil im Rezipienten und einem Beschleunigungsteil zusammengesetzt. Bei Vernachlässigung der Beschleunigungsarbeit - was bei den heutigen Strangpreßgeschwindigkeiten zulässig ist - sind die Preßkraftformeln entsprechend der Beziehung (I) in Bild 1 aufgebaut, also:

$$F = A_o \cdot k_f \cdot \varphi \cdot \left[1 + f(\mu, L_m/D_f) + g(\alpha) + h(\mu, L/D_L) \right]$$

Verschiedentlich werden die Teilfunktionen für die Matrizenreibung und die inneren Schiebungen in der Umformzone im Umformwiderstand k_W zusammengefaßt. Die Formeln entsprechen dann in ihrem Aufbau der Beziehung (II):

$$F = A_o \cdot k_W \cdot \varphi \cdot \left[1 + f(\mu, L/D_L) \right] \; .$$

Die zweite Möglichkeit der Kraftermittlung besteht in einer
Gleichgewichtsbetrachtung an einer Scheibe unter Hinzuziehung
einer Fließbedingung und eines Reibgesetzes. Dabei gibt es
zwei Varianten. Je nachdem, ob mit konstanter oder veränder-
licher Reibschubspannung entlang der Wirkfuge zwischen Block
und Werkzeug gerechnet wird, unterscheiden sich die Funktions-
typen. Bei $\tau \neq$ const ergeben sich Lösungen entsprechend der
Beziehung (III)

$$F = A_o \cdot k_f \cdot f(A_o/A_f, \ L_M, \mu, \alpha) \cdot g(\exp[4\mu L/D_L], c),$$

bei $\tau =$ const ähnliche Funktionen, die statt des typischen
$\exp(4\mu L/D_L)$ -Faktors den Ausdruck $4\mu L/D_L$ enthalten.

Die Grundform der dritten Möglichkeit - der empirischen Formeln - ist teilweise an den Funktionstyp aus der Arbeitsbetrachtung, teilweise auch an jenen der Gleichgewichtsbetrachtung angelehnt und entspricht der Beziehung (IV):

$$F = A_o \cdot k_f \cdot f(\eta, \ \mu, \ \text{Geometrie}, \ a,b \ \ldots\ldots)$$

Welche Formel nach welchem Prinzip abgeleitet ist, geht aus
Bild 2a hervor, in dem die Ergebnisse der Analyse der einzelnen Preßkraftformeln wiedergegeben sind. Man sieht, daß etwa
die Hälfte aller Formeln mit Hilfe der Gleichgewichtsbetrachtung abgeleitet ist.

Darüber hinaus wird ersichtlich, ob die Formeln außer der
ideellen Kraft die verschiedenen Kraftanteile infolge
- Reibung an der Matrize und am Rezipienten
- Schiebung in der Umformzone und
- Beschleunigung
einzeln oder durch den Umformwiderstand k_w bzw. Umformwir-

kungsgrad η zusammengefaßt berücksichtigen. Z. B. kann dieser Tabelle entnommen werden, daß die Formel (1) von Siebel/
Fink alle Einflüsse in k_w zusammenfaßt, während Formel (12)

von Fritzsch/Kögel bis auf die Beschleunigungskräfte alle
Einflüsse getrennt enthält.

Die nicht ausgefüllten Kreise bedeuten, daß F_{id} nicht exakt

berücksichtigt ist, da bei diesen Formeln für $\mu = 0$ an Matri-
zen- und Rezipientenwand und Vernachlässigung der inneren
Schiebungen z. T. erhebliche Abweichungen vom theoretischen
Wert der ideellen Kraft auftreten ($F_{id} \neq A_o \cdot k_f \cdot \varphi$).

In Bild 2b wird gezeigt, wie die Reibung im zylindrischen
und konischen Teil der Matrize (μ_1, μ_2) sowie im Rezipienten

berücksichtigt wird, z. B. durch den Reibwert μ oder durch
die Reibschubspannung oder über einen Korrekturbeiwert C_R.

Unter den Korrekturbeiwerten sind auch solche, die es gestat-
ten, die Formel für das Profilstrangpressen anzuwenden. Die
Geschwindigkeits- und Temperaturparameter sind in keiner Formel direkt enthalten. Diese Einflüsse werden indirekt über
$k_f(\dot{\varphi},\vartheta)$ oder $k_w(\dot{\varphi},\vartheta)$ bzw. $\eta \ (\dot{\varphi},\vartheta)$ berücksichtigt (Bild 2c).

Weiterhin wurde die Erfassung der Umformgeometrie von Matrize, Block und Rezipient untersucht. Es zeigt sich, daß die Umformgeometrie von den einzelnen Formeln durch unterschiedliche Größen erfaßt wird: D_f, L_M, α, D_L, L, L_{BN}, L_{PR}, L_n, γ.
Anhand der Angaben der Verfasser bzw. durch Überprüfung der einzelnen Formeln wurden Grenzen des Gültigkeitsbereiches abgesteckt. Danach ergab sich, daß verschiedene Formeln z. B. nicht für Flachmatrizen geeignet sind, andere wiederum können nur beim Pressen mit Schale angewendet werden.

Mit Hilfe dieser Tabelle soll die Auswahl einer der vielen Strangpreßformeln erleichtert werden. Außerdem kann aufgrund dieser Analyse eine erste Bewertung der einzelnen Formeln erfolgen. Es kann z. B. einem Anwender kaum zugemutet werden, für einen anstehenden Preßfall sowohl den Reibbeiwert μ als auch den Umformwiderstand k_W oder den Umformwirkungsgrad η abzuschätzen, die ja beide wieder von μ beeinflußt werden. Deshalb wurden im folgenden alle Gleichungen außer Betracht gelassen, die außer dem μ-Wert noch andere reibungsabhängige Größen enthalten.

Als nächstes (Bild 3a) wurde der Einfluß der in den Formeln aufgenommenen Preßparameter für jede einzelne Formel untersucht. Dabei wurde das Verhältnis von realer zu ideeller Preßkraft für verschiedene Werte der anderen Preßparameter (L, α, D_f) über dem Reibwert μ aufgetragen.

Bei diesem Vergleich ist die Variation von μ lediglich zwischen $\mu = 0$ und $\mu = 0,25$ sinnvoll. Darüber hinaus führen die Formeln, bei denen μ im Exponenten berücksichtigt wird, zu Kraftwerten, die teilweise mehrere hundert mal größer sein können, als die Werte bei Reibungsfreiheit. Dies rührt daher, daß diese Formeln für den Fall des Haftens, der bei wesentlich kleineren μ-Werten als 0,5 eintritt, in dieser Form nicht mehr gelten.

Aus Bild 3a kann ersehen werden, daß bei Variation der Blocklänge L die einzelnen Formeln sehr unterschiedliche Werte für die Preßkräfte liefern. Hier sind nur drei Formeln dargestellt, die die unterschiedlichen Formeltypen deutlich repräsentieren. Für $\mu = 0,15$ ergibt z. B. die Formel (12) von Fritzsch/Kögel bei einer Blocklänge $L = 130$ mm das 2,75-fache der Kraft ohne Reibung, bei $L = 210$ mm das 5-fache der Kraft ohne Reibung, die Formel (32) von Siebel/Fangmeier bei $L = 130$ mm das 1,25-fache der Kraft ohne Reibung und bei $L = 210$ mm nur das 1,5-fache der Kraft ohne Reibung. Gleichzeitig wird aus dieser Darstellung der bei manchen Formeln große Einfluß des Reibwertes μ auf die Preßkraft ersichtlich. Wird z. B. in Formel (12) statt $\mu = 0,15$ der Reibwert $\mu = 0,1$ eingesetzt, reduziert sich bei einer Blocklänge von 210 mm die Kraft vom 5-fachen auf den 3-fachen Wert der Kraft ohne Reibung, also um 40%, dagegen in Formel (32) bei gleichen Verhältnissen nur um 10%. Hieraus wird die Problematik eines geschätzten Reibwertes μ bereits sehr deutlich.

Die Variation des Matrizenwinkels α (Bild 3b) zeigt einen relativ geringen Einfluß auf die errechnete Preßkraft. Z. B. beträgt der Unterschied bei Formel (12) für $\mu = 0,15$ nur ca.

- 4 -

8%, wenn der Matrizenwinkel von 60 $^\circ$ auf 90 $^\circ$ erhöht wird.
Auch der Strangdurchmesser wird von den verschiedenen Gleichungstypen unterschiedlich berücksichtigt (Bild 3c).

3   <u>Ausblick auf neuere Verfahren der Kraftberechnung</u>

Bei derartigen Streuungen der theoretischen Werte ist die
Frage berechtigt, welche der Näherungsformeln die Verhältnisse beim Strangpressen am besten wiedergibt. Um diese Formeln
bewerten zu können, muß die in den Formeln geschätzte Größe
(μ oder η) exakt bestimmbar sein, d. h. aber, daß alle Randbedingungen des Prozesses und alle elastisch-plastischen sowie thermischen Grundgesetze ohne Einschränkung erfüllt werden müssen. Dies führt jedoch auf ein äußerst umfangreiches
Differentialgleichungssystem, weshalb im allgemeinen für
Kraftberechnungen die elastischen und thermischen Effekte ver-
nachlässigt werden, so daß sich der Vorgang rein plastomecha-
nisch behandeln läßt.

Dabei wird von den zehn Grundgleichungen der Plastomechanik
(Bild 4) ausgegangen, also den

- 3 Gleichgewichtsbedingungen
- 6 Spannungsverzerrungsbeziehungen und
- 1 Fließbedingung.

Damit lassen sich die zehn Unbekannten

- 6 Spannungen
- 3 Geschwindigkeiten und
- 1 Proportionalitätsfaktor

prinzipiell berechnen. Über das Coulomb'sche Reibgesetz ist dann
μ aus den Spannungskomponenten bestimmbar. Im allgemeinen führt
die Rechnung jedoch auf ein nichtlineares Differentialgleichungssystem, das nicht mehr geschlossen lösbar ist. Es müssen deshalb Näherungsverfahren angewendet werden, bei denen je nach Ansatz verschiedene Randbedingungen oder verschiedene Grundgleichungen nicht oder nur teilweise erfüllt sind.

Von Dalheimer [34] ist eine Lösung bekannt, bei der über ein
sogenanntes Fehlerabgleichverfahren eine näherungsweise Berechnung der Formänderungen und Spannungen und damit der Kräf-
te beim Strangpressen durchgeführt wurde. Im folgenden soll das
Prinzip dieses Verfahrens kurz verdeutlicht werden.

Ausgehend von Rasterversuchen wird ein Ansatz für das Geschwin-
digkeitsfeld gewählt, der kinematisch zulässig ist, also die
Volumenkonstanzbedingung und die Geschwindigkeits-Randbedin-
gungen erfüllt. Ein solcher Ansatz kann z. B. aus einem Polynom
n-ter Ordnung mit noch freien Parametern bestehen. Genauso wird
beim Ansatz für das Spannungsfeld vorgegangen, der statisch zulässig sein, d. h., die Gleichgewichtsbedingungen und die Span-
nungsrandbedingungen erfüllen muß.

Durch Variation der freien Koeffizienten wird auf iterativem
Weg versucht, die noch nicht benutzte Grundgleichung - das
Fließgesetz, also die Verknüpfung von Kinematik und Statik -

und weitere Randbedingungen möglichst gut zu erfüllen. Eine
dieser weiteren Randbedingungen ist die Reibung, die auf unterschiedliche Art und Weise berücksichtigt werden kann:
1. durch Angabe des Verlaufes der Reibschubspannung entlang
   der Wirkfuge, z. B. beim Strangpressen mit Schale
   $\tau = k$ (k = Schubfließgrenze)

2. durch Angabe des "richtigen" Reibwertes μ und eines Reibgesetzes, z. B. des Coulomb'schen.

3. durch reibungsabhängige kinematische und/oder geometrische
   Größen und Funktionen, also z. B. beim Strangpressen Verlauf der Bahnlinien oder Bahngeschwindigkeiten, Begren-
   zung der plastischen Zone, Verlauf der Querlinien etc.

Bei der letzten Methode wird der schlecht schätzbare Reibwert durch meßbare Größen ersetzt. Burgdorf [35] wendete dieses Verfahren beim Stauchen zylindrischer Körper an. Als reibungsabhängige, meßbare Größe setzte er den Haftzonenradius
ein.

Auch beim Ziehen (Bild 5) konnten eindeutige Zusammenhänge
zwischen Reibung und Umformgeometrie bzw. - kinematik gefun-
den werden [36]. In diesem Bild ist die halbe, mit einem
Raster versehene Trennebene eines gezogenen Steckers gezeigt.
Man sieht, daß sich die Berandung der Umformzone beim unge-
schmierten Ziehen von Stangen zum Ziehholeintritt hin ver-
schiebt und außerdem die Querlinienverwölbung deutlich zu-
nimmt.

Beim Strangpressen sind derartige Untersuchungen bisher nicht
bekannt geworden. Hier wurde von Dalheimer der zuerst genann-
te Weg eingeschlagen, also die Reibschubspannung an der Rezipientenwand $\tau = k$ eingesetzt. Unter Beachtung dieser Randbedin-
gung wurden die örtlichen Spannungen beim Strangpressen von
runden Querschnitten mit unterschiedlichen Umformgraden be-
rechnet.

In Bild 6 sind die Werte für $\varphi = 3$ wiedergegeben, wobei in
Teil a Linien gleicher bezogener Schubspannung τ_{rz}/k, in

Teil b Linien gleicher bezogener Radialspannung σ_r/k dargestellt sind. Mit der Annahme $\tau_{rz}/k = -1$ an der Rezipienten-

wand läßt sich ein theoretischer Reibwert berechnen, der zur
Beurteilung der zu untersuchenden Formeln herangezogen wer-
den kann. Für $\varphi = 3$ errechnet sich $\mu = \dfrac{\tau_{rz}/k}{\sigma_r/k} \approx \dfrac{-1}{-6,5} \approx 0,15$.

Hiernach ist es also sicher nicht richtig, für praktische
Strangpreßfälle entlang der Rezipientenwand mit μ-Werten, die
viel größer als 0,15 sind, zu rechnen, da sich der eben errechnete μ-Wert schon auf den Fall des Haftens an der Rezipientenwand bezieht. Dies gilt aber nur, wenn μ als physika-
lischer Reibwert und nicht auch als Korrekturwert angesehen
wird.

Dieser eben berechnete physikalische Reibwert ist aufgrund
der Ableitung eine einigermaßen objektive Größe. Exakt ist
dieser Wert aber immer noch nicht, da in der durchgeführten
Untersuchung nicht alle Randbedingungen wie z. B. Verlauf

der Bahnlinien und der Querlinien, durch den Ansatz exakt erfüllt werden. Im Prinzip ist dies aber ein Weg, den gesuchten
Reibfaktor μ je nach Rechenaufwand beliebig genau zu berechnen.

Anstelle geschlossener Ansätze, die für die gesamte Umformzone gelten, werden seit einiger Zeit in verstärktem Maße
bereichsweise gültige Ansätze entwickelt, die unter dem Be-
griff "Finite Elemente Methode" bekannt sind. Es ist anzuneh-
men, daß mit dieser in der Elastostatik und -dynamik erprob-
ten Rechentechnik in Zukunft genauere Lösungen für die örtli-
che Spannungs- und Formänderungsberechnung und damit auch für
die Kraftberechnung beim Strangpressen zu erwarten sind.

4   Vergleich mit Meßwerten

Um die zu untersuchenden Näherungsformeln auf ihre Richtig-
keit zu überprüfen, wurde der aus der eben beschriebenen
Spannungsberechnung für $\gamma = 3$ näherungsweise ermittelte Reibwert $\mu = 0,15$ in die Formeln eingesetzt. Der Reibwert im Ma-
trizenkanal wurde bei allen Berechnungen mit $\mu_2 = 0,5$ ange-
nommen. Die damit für alle Preßfälle berechneten Kraftwerte
wurden dann mit den Meßwerten aller Preßfälle verglichen, wobei für jede Gleichung mehr oder weniger große Abweichungen
auftraten (Bild 8).

Bei den Versuchen wurden die wesentlichen in den Formeln vor-
kommenden Parameter variiert (siehe Versuchsplan). Von jeder
Pressung wurde ein Kraft-Weg-Schrieb, sowie ein Kraft-Zeit-
Schrieb aufgenommen. Alle Versuchswerte sind doppelt belegt
und schwankten dabei um weniger als 2%.

4.1   Versuchswerkstoff

Es wurde die Legierung AlMgSi 0,5 verpreßt; die Formänderungsfestigkeit ist für die gewählte Verarbeitungstemperatur und die
verwirklichten Verpressungsverhältnisse in Bild 7 über der Umformgeschwindigkeit dargestellt.

4.2 <u>Versuchsplan</u>

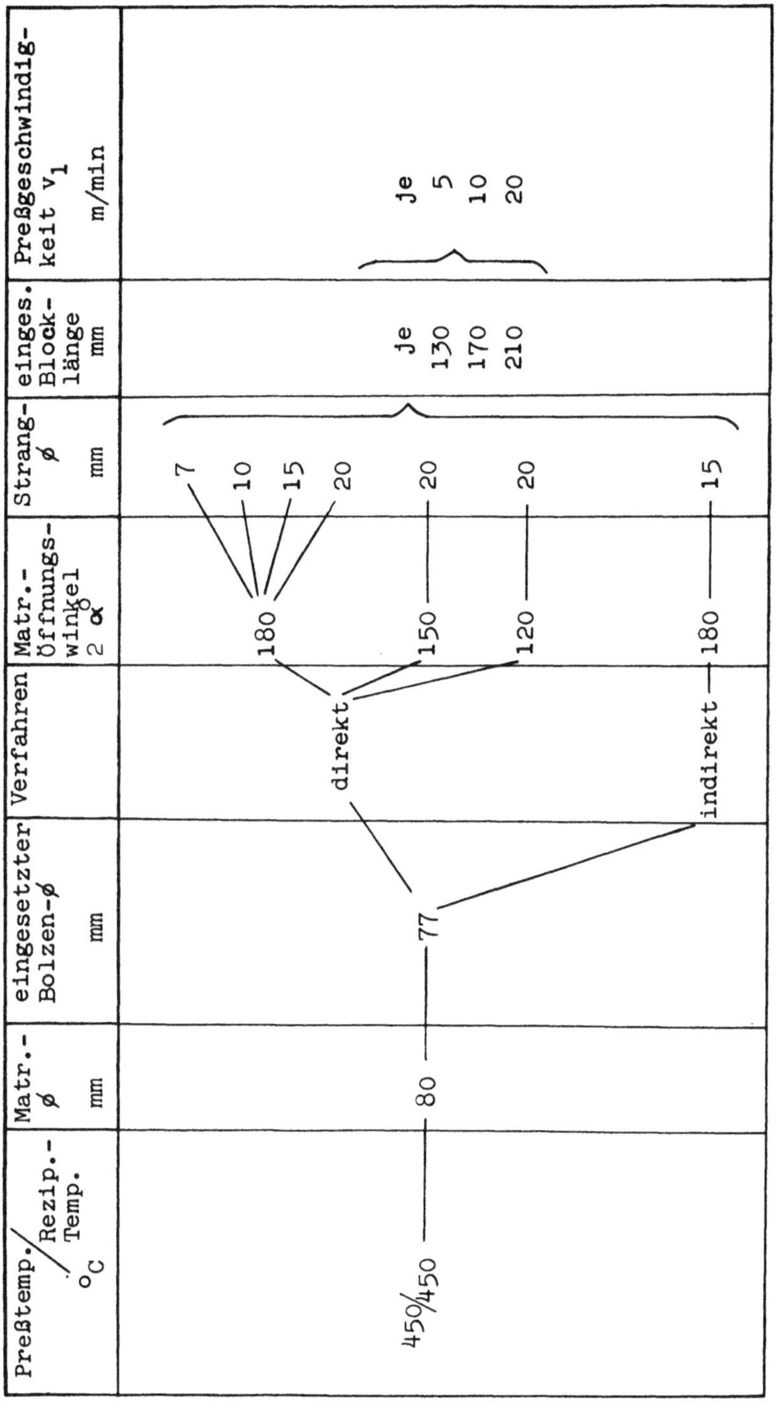

Preßtemp./ Rezip.-Temp. °C	Matr.-∅ mm	eingesetzter Bolzen-∅ mm	Verfahren	Matr.-Öffnungswinkel 2α°	Strang-∅ mm	einges. Block-länge mm	Preßgeschwindig-keit v_1 m/min
450/450	80	77	direkt	180	7	Je 130 170 210	Je 5 10 20
			direkt	180	10		
			direkt	180	15		
			direkt	180	20		
			direkt	150	20		
			direkt	120	20		
			indirekt	180	15		

4.3 Versuchseinrichtung

Die Versuche wurden auf einer hydraulischen 3,15 MN-Strangpresse für Vorwärts- und Rückwärtsbetrieb durchgeführt.

Zur Erwärmung der Blöcke stand ein Induktionsofen zur Verfügung.

Der Preßdruck wurde
a) auf einem x-y-Schreiber über dem Preßweg
b) auf einem Konpensations-Schreiber gemeinsam mit dem Preßweg über der Zeit aufgezeichnet.

4.4 Diskussion der Ergebnisse

4.4.1 Direktes Verfahren

In Bild 8 sind die prozentualen Abweichungen der Maximalkräfte (L_N = L) von den Meßwerten für die Gleichungen eingezeichnet, die außer dem μ-Wert nicht auch noch den reibungsabhängigen und meist nicht bekannten Umformwiderstand k_w enthalten.

Bild 8 zeigt, daß für $\mu_{theor.}$ = 0,15 lediglich die Formeln (13) von Treco für konische Matrizen und (19) von Sieber einigermaßen brauchbare Werte liefern. Die errechneten Kraftwerte liegen bei (13) zwischen 6 und 31% und bei (19) zwischen 8 und 28% unterhalb der Meßwerte (dicke Vollinien).

Bei allen anderen Gleichungen sind die Abweichungen erheblich größer. Dies gilt auch für Gleichung (18) von Feldmann, die zwar zu einem geringen Streubereich führt, jedoch stets um ca. 50% zu kleine Werte errechnet.

Diese Bewertung der Formeln ändert sich aber sofort, wenn das Fehlerabgleichverfahren auf einen unwesentlich kleineren μ-Wert (z. B. μ = 0,13) geführt hätte. Dann würden die Gleichungen (7) von Sachs/Eisbein, (9) von Stone und (15) von Treco die wirklichen Verhältnisse am besten wiedergeben (dünne Vollinien).

Da die theoretischen Verfahren zur μ-Berechnung z. Zt. noch nicht so weit entwickelt sind, daß alle Prozeß-Randbedingungen, wie z. B. Oberflächenzustand von Block und Rezipient, exakt erfüllt werden, erreichen die errechneten μ-Werte nicht die geforderte Genauigkeit, so daß eine Bewertung der Formeln mit diesen μ-Werten noch nicht sinnvoll ist.

Hieraus wird auch ersichtlich, daß die Anwendung derartiger Formeln mit geschätzten μ-Werten nicht zu empfehlen ist, da schon bei kleinsten Fehlschätzungen erhebliche Abweichungen bei der Kraftberechnung entstehen können. Lediglich eine ständige Berechnung und Sammlung der μ-Werte aus gemessenen Kräften unter Anwendung einer ausgewählten Formel für die verschiedensten Preßfälle kann im Laufe der Zeit zu brauchbaren μ-Werten im Sinne von Korrekturwerten führen, die dann aber nur für den jeweiligen Gleichungstyp anzuwenden sind.

In Bild 8 sind außerdem noch die Ergebnisse der von η abhängigen Formeln strichpunktiert dargestellt. Es handelt sich hierbei um Formeln des Typs

$$F = A_o \cdot k_f \cdot \left(\frac{\varphi}{\eta} + \frac{2L}{D_L}\right) \qquad (4,22 \text{ und } 1, 5, 29),$$

wobei zunächst die von den Autoren angegebenen Werte für η eingesetzt wurden. Die Abweichungen bei Formel (4) von Akeret/ Künzli und (22) Stüwe betragen max. - 35% von den Meßwerten (dicke strichpunktierte Linie).

Paßt man die errechnete Kraft an den Meßwert durch Optimierung von η an, d. h., verringert man z. B. in der Formel (22) η von 0,6 auf 0,42, ergeben sich relativ geringe Streubereiche in der Größenordnung von $\pm$ 15% (dünne strichpunktierte Linie).

Diese Streubereiche lassen sich, zumindest bei den Formeln (4) und (22), noch weiter einengen, wenn die Abhängigkeit des Umformwirkungsgrades η von φ mit der Blocklänge L und dem Matrizenwinkel α als Parameter berücksichtigt wird (Bild 9). Dieser η-Wert beinhaltet im wesentlichen die inneren Schiebungs- und Reibungsverluste, die mit zunehmendem Umformgrad größer werden. Die Abhängigkeit von der Rezipientenreibung ist unbedeutend, da diese durch ein besonderes Glied in den Formeln näherungsweise berücksichtigt ist. Der Einfluß der Umformgeschwindigkeit $\dot\varphi$ geht im Streubereich unter.

Die dick ausgezogenen Linien gelten für den durch eigene Versuche belegten Bereich. Es ist jedoch nicht sinnvoll, diese Kurven in die unbekannten Bereiche bezüglich φ, L, α, $\dot\varphi$ und Werkstoff zu extrapolieren. Jedoch erscheint es zweckmäßig, diese η-Werte für einen größeren Anwendungsbereich zu ermitteln, um bei der Auswahl des für einen bestimmten Preßfall gültigen η-Wertes genügend sicher zu sein.

Die Abhängigkeit des Umformwirkungsgrades vom Verpressungsverhältnis wird auch von Akeret [37] festgestellt. Er teilt die Arbeitsverluste ebenfalls auf in einen von $\dot\varphi$ unabhängigen Teil, der additiv berücksichtigt werden muß und einen dem Umformgrad proportionalen Anteil, der durch einen Faktor - nämlich η - eingeht.

Für genauere Berechnungen schlägt Akeret eine von Avitzur [38] entwickelte Formel vor, die für vier Gebiete der Umformzone die dort aufzubringende Leistung in Abhängigkeit von k_f errechnet. Da in diesen vier Zonen die Umformtemperatur, der Umformgrad und die Umformgeschwindigkeit voneinander verschieden sind, hält Akeret es für notwendig, für jede dieser Zonen getrennt entsprechende k_f-Werte zugrunde zu legen. Akeret hält diese Formel insbesondere deswegen für sehr bemerkenswert, weil sie gegenüber anderen Berechnungsverfahren auf eine niedrigere obere Schranke für die Gesamtleistung führt und deswegen der Wirklichkeit näher kommen muß.

Die Formel von Avitzur erfordert indes einen recht hohen Rechenaufwand. Zu ihrer Anwendung werden Diagramme benötigt, die dazu noch werkstoffabhängig sind. Da außerdem der Wert der die Rezipientenreibung charakteresiert, dem Reibbeiwert μ nicht zahlenmäßig zuzuordnen ist, wurde auf eine vergleichende Beurteilung im Rahmen dieser Arbeit verzichtet.

4.4.2   Indirektes Verfahren

Von den dreiunddreißig diskutierten Formeln sind nur drei
(1, 21, 25) für das indirekte Verfahren abgeleitet worden. Alle anderen wurden speziell für das direkte Verfahren entwickelt,
wobei einige der Autoren derauf verwiesen, daß ihre Formeln
auch für das indirekte Verfahren anwendbar sind, wenn die Län-
ge des Preßbolzens gleich Null gesetzt wird. Dies entspricht in
den meisten Fällen der Vernachlässigung der Rezipientenreibung.
Die Tatsache, daß beim indirekten Verfahren aber auch die übrigen Verluste in und hinter der Umformzone sich von denen beim
direkten Verfahren, zumindest bei Preßbeginn, unterscheiden,
wird damit nicht berücksichtigt.

Dies ist wohl möglich bei den η -behafteten Formeln (1, 5, 6, 22,
29), wobei natürlich wieder speziell für das indirekte Verfahren ermittelte η -Werte vorliegen müssen. Auch hier lassen sich
mit großer Sicherheit Abhängigkeiten finden, die denen beim direkten Verfahren ähnlich sind. Lediglich die Größe des Umformwirkungsgrades wird sich bei den beiden Verfahren unterscheiden.

Bild 10 zeigt den Umformwirkungsgrad beim Strangpressen nach
dem indirekten Verfahren in Abhängigkeit vom Umformgrad für den
gleichen Preßbereich wie beim direkten Verfahren (Bild 9). Zur
Auswertung wurden zwar die beim direkten Verfahren gemessenen
Endkräfte herangezogen, dies ist aber zulässig, wie einige Stich-
versuche (siehe Versuchsplan) zeigten: bei sonst gleichen Preß-
bedingungen ($\vartheta,y,\dot{\varphi},\alpha,L$) waren die Kraft beim indirekten Verfahren und die Endkraft beim direkten bis auf Abweichungen inner-
halb der Meßgenauigkeit gleich groß.

5   Zusammenfassung

Für die Auslegung und den Betrieb von Strangpreßanlagen ist die
Kenntnis der größten beim Strangpressen auftretenden Kraft von
großem Interesse. Ziel dieser Arbeit war es, die herkömmlichen
Strangpreßformeln miteinander und mit Meßwerten (aus Pressungen
von Rundquerschnitten einer Al-Legierung) zu vergleichen.

Nach einer Analyse des Aufbaus der Gleichungen und der in ihnen
enthaltenen Einflußgrößen wurden für jede Gleichung die Abweichungen der errechneten von den (aus bis zu 54 Versuchen) gemessenen maximalen Preßkräften (direktes Verfahren) bestimmt.
Dabei wurde in der Berechnung ein aus einer Lösung der höheren
Plastizitätstheorie näherungsweise bestimmter Reibbeiwert zwischen Block und Rezipient zugrunde gelegt. Es konnte gezeigt
werden, daß aufgrund dieses Vergleichs keine objektive Aussage
über die Brauchbarkeit oder Unbrauchbarkeit der Formeln, in denen μ vorkommt, gemacht werden kann und daß die Abweichungen
vom Meßwert schon bei geringen "Fehlschätzungen" des Reibbei-
wertes erheblich sein können.

Demgegenüber erwies sich die Gruppe von Preßkraftformeln, die
die Umformverluste im sogenannten Umformwirkungsgrad berücksichtigt, als brauchbarer vor allem dann, wenn die Reibver-
luste im Rezipienten in einem zusätzlichen additiven Term ent-

halten sind. Bei einer derartigen Definition des Umformwirkungsgrades η ergab sich für das indirekte Verfahren eine Abhängigkeit desselben in erster Linie vom Umformgrad φ und eine geringere von den übrigen Preßparametern (α, $\dot\varphi$, L). Beim indirekten
Verfahren ist die Abhängigkeit η von φ ähnlich, jedoch liegen
die Werte von η um etwa 20% höher.

Es wird empfohlen, für die Abschätzung von Strangpreßkräften
die η-behafteten Formeln anzuwenden, wobei die Rezipientenreibung getrennt zu berücksichtigen ist. Für den Umformwirkungsgrad sind für den jeweiligen Arbeitsbereich Diagramme zu erstellen, aus denen η als Funktion der Preßparameter (gegebenfalls auch des Werkstoffes) abzulesen ist.

An dieser Stelle möchte ich dem Land Nordrhein-Westfalen für
die Finanzierung dieser Arbeit danken - ebenso der Firma
Vereinigte Aluminium Werke für die freundliche Unterstützung
bei der Versuchsdurchführung.

6 Literaturverzeichnis

1   Siebel, E.: Die Formgebung im Bildsamen Zustande
        Verlag Stahleisen, Düsseldorf (1932)
2   Siebel, E. u. E. Fangmeier: Untersuchungen über den Kraftbe-
        darf beim Pressen und Lochen
        Mitt. aus dem KWI f. Eisenforsch. 13 (1931) S.
        29-43
3   Geleji, A.: Bildsame Formgebung der Metalle in Rechnung und
        Versuch
        Akademie Verlag Berlin (1960) S. 545-69
        vgl: Geliji, A.: Strangpressen in Rechnung und
        Versuch
        Neue Hütte 8 (1963) 8, S. 475-79
4   Akeret, R. u. A. Künzli: Ermittlung der Formänderungsfestig-
        keit k_f von Alu-Legierungen mit Hilfe von Tor-
        sionsversuchen und Vergleich der Ergebnisse mit
        denjenigen von Strangpreßversuchen
        Zeitschr. Metallkde 57 (1966) 11, S. 789-92
5   vgl.: 4
6   Laue, K. u. H. Hornauer: Grenzen der Umformung beim Strang-
        pressen
        Zeitschr. Metallkde 47 (1956) 2, S. 117-21
7   Sachs, G.; W. Eisbein u. a.: Spanlose Formgebung der Metalle
        Mitt. d. deutschen Materialprüfungsanstalten
        (1931) Sonderheft 16, S. 67-96
8   Amann, E.: Einführung in die Grundlagen der Umformtechnik
        Prost u. Meiner-Verlag Coburg (1966) S. 250-61
9   Stone, M. L.: Design, Construction, Large Forging and
        Extrusion Presses
        Trans. of the ASME 75 (1953) 8, S. 1507-11
10 Sachs, G. u. De Filippi: J. Ingegneria meccanica anno IX, I
        (1960)
        vgl.: Pfitzmann, J: Zum Werkstofffluß und zur
        Ermittlung der Preßkräfte beim Strangpressen von
        Stahl
        Diss. Bergakademie Freiberg (1967)
11 Prosorow, L. W.: Das Pressen von Stahl. Maschgis (1956)
        vgl.: Pfitzmann, J.: Zum Werkstofffluß und zur
        Ermittlung der Preßkräfte beim Strangpressen
        von Stahl
        Diss. Bergakademie Freiberg (1967)
12 Fritzsch, G. u. H. Kögel: Beitrag zum Strangpressen
        Neue Hütte 10 (1965) 9, S. 551-56
13 Treco, R. M.: Berechnung des Formänderungswiderstandes beim
        direkten Strangpressen
        Neue Hütte 10 (1965) 2, S. 694-95
14 vgl.: 13
15 Pfitzmann, J.: Zum Werkstofffluß und zur Ermittlung der Preß-
        kräfte beim Strangpressen von Stahl
        Diss. Bergakademie Freiberg (1967)
16 vgl.: 15
17 Ursell, D. H.: Limiting Features of the Extrusion Process
        Metal Industry 100 (1962) 13, S. 242-49
18 Feldmann, H. D.: Fließpressen von Stahl
        Springer Verlag (1959) S. 11 ff.

19 Sieber, K.: Entwicklung und neue Anwendungsgebiete des
        Kaltfließpressens von Stahl
        Draht (1951) 9, S. 239-44
20 Lindner, E. u. P. Müller: Berechnungsgrundlagen für die
        Werkstoffumformung durch Strangpressen in einer
        pneumatisch-mechanischen Hochgeschwindigkeits-
        umformmaschine
        Fertigungstechn. u. Betrieb 16 (1966) 4, S. 239-42
21 Pearson, C. E. u. R. N. Parkins: The Extrusion of Metals
        Chapman and Hall, London (1960) Kap. 6/7
        S. 180 ff.
22 Stüwe, H. P.: Einige Abschätzungen zum Strangpressen
        Metall 22 (1968) 12, S. 1197-1200
23 Gentzsch, G.: Kaltstauchen, Fließpressen, Massivprägen
        Teil 1, Übersichtsbericht
        VDI-Verlag, Düsseldorf (1968) Kap. 13, S. 128
24 Sejournet, J.: Le filage de l'acier avec verre lubrifiant
        Revue Mètallurgie 53 (1956) 12, S. 897-914
25 Stepanskie, L. G.: Zur Berechnung des Kraftaufwandes und
        der Verformung bei der Bearbeitung von Metal-
        len unter Druck
        Kuznecno-stamp. proizvodstvo (1959) 3
26 vgl.: 12
27 Feltham, P.: Extrusion of Metals
        Metal Treatment and Drop Forging 23 (1956) 134,
        S. 440-44
28 Storoschew, M. W. u. E. A. Popow: Die Theorie der Bearbeitung
        von Metallen unter Druck
        Maschgis (1957)
        vgl.: Pfitzmann, J.: Zum Werkstofffluß und zur
        Ermittlung der Preßkräfte beim Strangpressen
        von Stahl
        Diss. Bergakademie Freiberg (1967)
29 Buffet, J. u. B. Jaoul: Dèformation Rèelle au Cours du
        Filage
        Revue de Mètallurgie 57 (1960) S. 827-33
30 - 33   vgl.: Gentzsch, G.: Kaltstauchen, Fließpressen,
        Massivprägen. Teil 1, Übersichtsbericht.
        VDI-Verlag, Düsseldorf (1968) Kap. 13, S. 128
34 Dalheimer, R.: Beitrag zur Frage der Spannungen, Formänderun-
        gen und Temperatur beim axialsymmetrischen
        Strangpressen
        W. Girardet-Verlag, Essen 20 (1970)
35 Burgdorf, M.: Untersuchungen über das Stauchen und Zapfen-
        pressen. Berichte aus dem Institut für Umform-
        technik, TH Stuttgart 5 (1966) Girardet
36 Kopp, R.: Untersuchungen über das Temperaturfeld beim Ziehen
        von Rundstäben
        Dr.-Ing. Diss. Clausthal (1968)
37 Akeret, R.: Interne Untersuchungeberichte Nr. 242/68, 227/68,
        306/67, 294/67 der Schweizerischen Aluminium AG
38 Avitzur, B.: Analysis of Metal Extrusion
        J. of Eng. for Industry (1965) 2, S. 57-70

7 Anhang

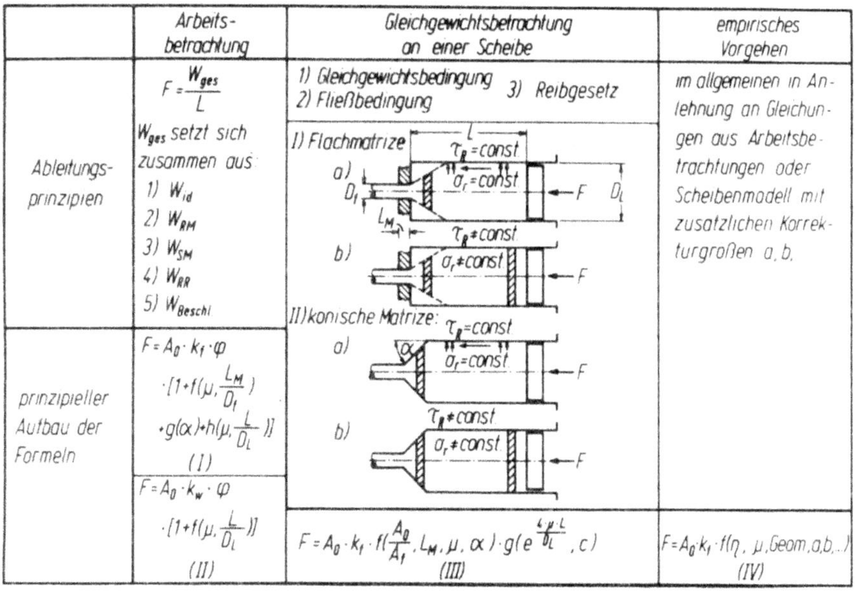

	Arbeits-betrachtung	Gleichgewichtsbetrachtung an einer Scheibe		empirisches Vorgehen
Ableitungs-prinzipien	$F = \dfrac{W_{ges}}{L}$ W_{ges} setzt sich zusammen aus: 1) W_{id} 2) W_{RM} 3) W_{SM} 4) W_{RR} 5) W_{Beschl}	1) Gleichgewichtsbedingung 3) Reibgesetz 2) Fließbedingung I) Flachmatrize a) $\tau_R = const$, $\sigma_r = const$ b) $\tau_R \neq const$, $\sigma_r \neq const$ II) konische Matrize a) $\tau_R = const$, $\sigma_r = const$ b) $\tau_R \neq const$, $\sigma_r \neq const$		im allgemeinen in Anlehnung an Gleichungen aus Arbeitsbetrachtungen oder Scheibenmodell mit zusätzlichen Korrekturgrößen a, b.
prinzipieller Aufbau der Formeln	$F = A_0 \cdot k_f \cdot \varphi$ $\cdot [1 + f(\mu, \frac{L_M}{D_f})$ $\cdot g(\alpha) + h(\mu, \frac{L}{D_L})]]$ (I) $F = A_0 \cdot k_w \cdot \varphi$ $\cdot [1 + f(\mu, \frac{L}{D_L})]$ (II)		$F = A_0 \cdot k_f \cdot f(\frac{A_0}{A_f}, L_M, \mu, \alpha) \cdot g(e^{\frac{4 \mu L}{D_L}}, c)$ (III)	$F = A_0 \cdot k_f \cdot f(\eta, \mu, Geom, a, b, ..)$ (IV)

Bild 1:   Ableitungsprinzipien für Kraftformeln beim Strangpressen

Quelle Nr	Verfasser	Arbeits-betrachtung	Gleichgew-betrachtung	empir Vorgehen	F_{id}	F_{RM}	F_{SM}	F_{RR}	F_{ges} $f(k_w)$	F_{ges} $f(\eta)$	F_{Beschl}
1	Siebel/Fink	●						●	●		
2	../..	●						●	●		
3	Geleji	●			○	●	●	●			
4	Akeret/Kunzli	●			●			●		●	
5	../..	●			●			●		●	
6	Laue/Hornauer	●						●	●		
7	Sachs/Eisbein		●		●	●		●			
8	Amann		●		○			●			
9	Stone		●		○			●			
10	Sachs/Filippi		●		○	●		●			
11	Prosorow			●	○			●			
12	Fritzsch/Kogel		●		●	●	●	●			
13	Treco		●		○	●		●			
14	..		●		○	●		●			
15	Pfitzmann		●		○	●		●			
16	..		●		●	●		●			
17	Ursell			●	●			●	●		
18	Feldmann	●			●	●	●	●			
19	Sieber			●	●			●			
20	Lindner/Muller	●			○	●		●			
21	Pearson/Parkins		●		●	●		●			
22	Stuwe	●			●		●	●			
23	Hauttmann			●			●	●			
24	Sejournet	●		●				●	●		
25	Stepanskie				●	●	●	●			
26	Fritzsch/Kogel		●		●	●	●	●			
27	Feltham	●	●		●			●			
28	Storoschew/Popow	●			●	●		●			
29	Buttet/Jaoul			●	●			●			
30	Uniksow		●		○			●			
31	Portevin			●	○	●		●			
32	Siebel/Fangmeier	●			○	●		●	●		
33	Gubkin		●		○	●		●			

Bild 2a: Analyse der Preßkraftformeln

Reibung-Matrize: μ_1, μ_2, M $\tau=const.$, M $\tau\neq const.$ · Reibung-Rezipient: μ, R $\tau=const.$, R $\tau\neq const.$

Quelle-Nr	Verfasser	φ	ϑ_0	$\Delta\vartheta_u$	$\Delta\vartheta_v$	μ_1	μ_2	M $\tau{=}const.$	M $\tau{\neq}const.$	μ	R $\tau{=}const.$	R $\tau{\neq}const.$	C_{Profil}	$C_{Reibung}$	$C_{sonstiges}$
1	Siebel/Fink														
2	„ / „									•	•				
3	Geleji					•		•		•	•				•
4	Akeret/Kunzli									•	•		•		
5	„ / „												•		
6	Laue/Hornauer									•	•				
7	Sachs/Eisbein					•			•	•		•			
8	Amann									•		•			
9	Stone									•		•			
10	Sachs/Filippi					•				•		•			
11	Prosorow									•	•		•		
12	Fritzsch/Kogel					•		○	•	•		•		•	•
13	Treco					•	•		•	•		•			
14	„					•			•	•		•			
15	Pfitzmann					•	•		•	•		•			
16	„					•			•	•		•			
17	Ursell									•		•			•
18	Feldmann					•		•		•	•				
19	Sieber									•	•				•
20	Lindner/Muller					•		•		•	•				
21	Pearson/Parkins					•			•	•					
22	Stuwe										•				•
23	Hauttmann														•
24	Sejournet									•		•			
25	Stepanskie					•									
26	Fritzsch/Kogel					•		○	•	•		•			•
27	Feltham									•		•			
28	Storoschew/Popow						•	•		•	•				
29	Buffet/Jaoul														
30	Unksow						•	•		•	•				
31	Portevin									•	•				•
32	Siebel/Fangmeier						•	•		•	•				
33	Gubkin						•		•	•		•			•

Bild 2b: Analyse der Preßkraftformeln

Geometrieeinfluß – Matrize: D_f, L_M, α · Block, Rezipient, Matrize: D_L, L, L_{BN}, L_{PR}, L_N, φ

Quelle-Nr	Verfasser	k_t	k_w	η	D_f	L_M	α	D_L	L	L_{BN}	L_{PR}	L_N	φ	Gültigkeitsbereich	auch für Profile
1	Siebel/Fink		•					•					•	indirekt	über k_w
2	„ / „		•					•				•	•		„ „
3	Geleji	•			•			•	•		•		•		
4	Akeret/Kunzli	•		•				•		•			•		
5	„ / „	•		•				•					•	indirekt	
6	Laue/Hornauer		•					•		•			•		über k_w
7	Sachs/Eisbein	•			•		•	•	•				•	α klein	
8	Amann	•			•			•	•				•		
9	Stone	•			•			•	•				•		
10	Sachs/Filippi	•			•		•	•	•				•	$\alpha \ll 90°$	
11	Prosorow	•						•		•			•		
12	Fritzsch/Kogel	•						•					•		
13	Treco	•			•	•	•	•	•					$\alpha\{\neq,=\}90°$, $\leq 75°$	
14	„	•			•	•	•	•	•				•		
15	Pfitzmann	•			•	•	•	•	•						
16	„	•			•			•	•				•	$\alpha \geq 75°$	
17	Ursell		•					•	•				•		über k_w
18	Feldmann	•					•	•	•				•	α klein — Fließpressen	
19	Sieber	•						•	•				•	Kalt-Fließpressen	
20	Lindner/Muller	•			•		•	•	•						
21	Pearson/Parkins	•			•		•	•	•					α klein — indirekt	
22	Stuwe	•						•		•			•	mit Schale	
23	Hauttmann	○						•					•		
24	Sejournet		•					•	•				•		über k_w
25	Stepanskie	•					•	•					•	indirekt	
26	Fritzsch/Kogel	•					•	•	•				•	f hochwarmf Werkstoffe	
27	Feltham	•						•	•				•		
28	Storoschew/Popow	•			•		•	•	•				•	$\alpha \geq 60°$, mit Schale	
29	Buffet/Jaoul	•						•	•				•		
30	Unksow	•			•		•	•	•				•		
31	Portevin	•						•					•		
32	Siebel/Fangmeier	•		•	•	•		•	•				•		
33	Gubkin	•			•	•		•	•				•		

Bild 2c: Analyse der Preßkraftformeln

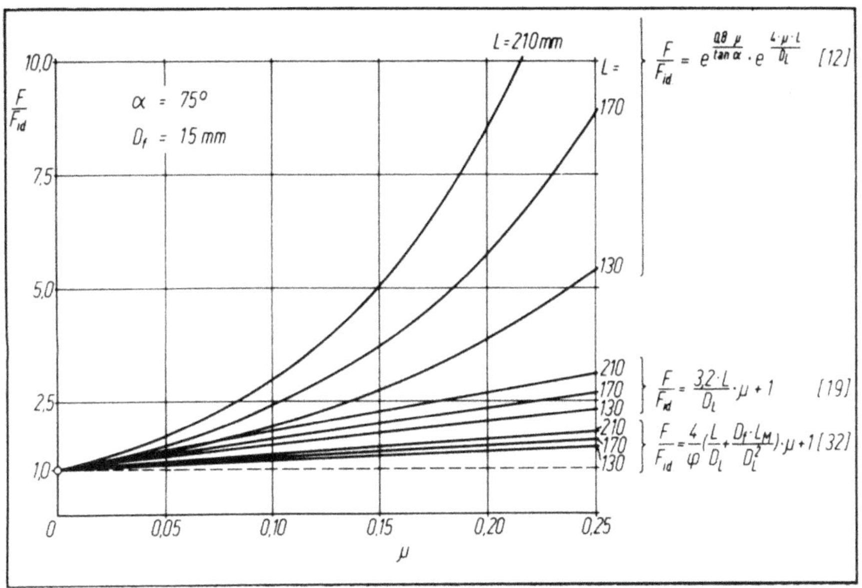

Bild 3a: Einfluß der Blocklänge L und des Reibwertes μ
bei verschiedenen Gleichungstypen

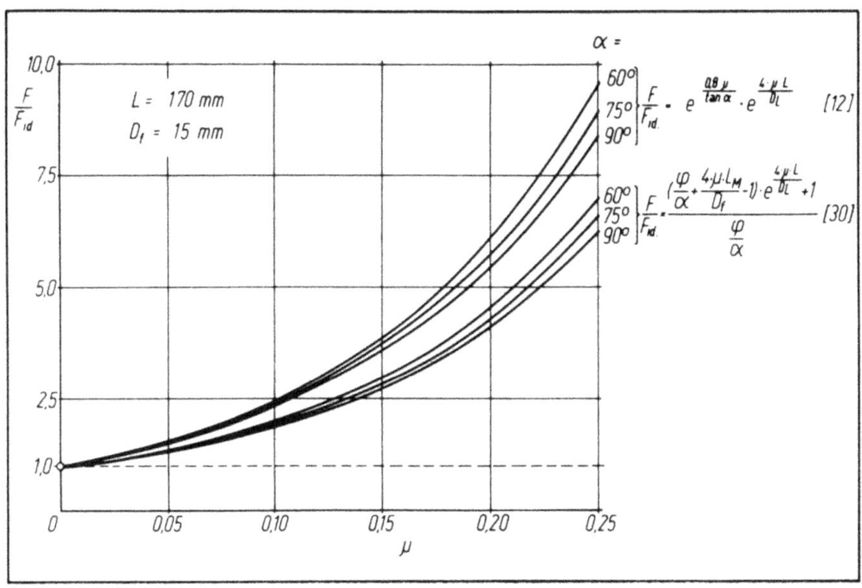

Bild 3b: Einfluß des Matrizenwinkels α und des Reibwertes μ
bei verschiedenen Gleichungstypen

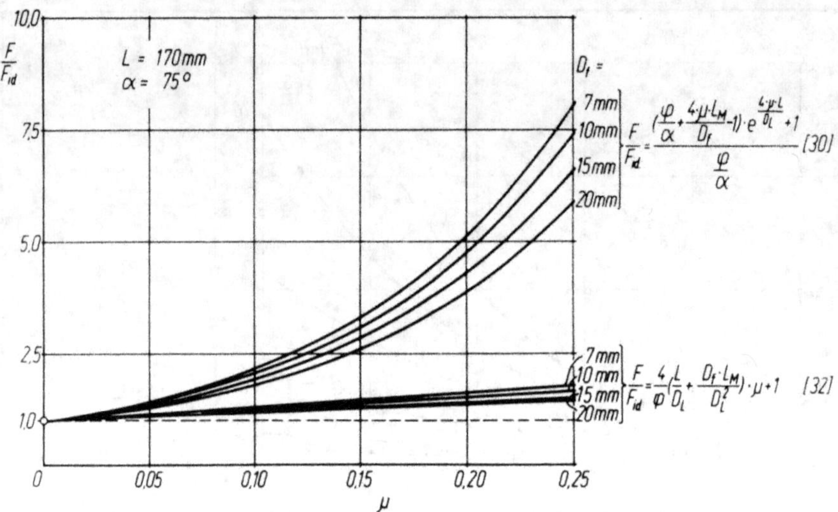

Bild 3c: Einfluß des Strangquerschnittes (D_f) und des Reibwertes μ bei verschiedenen Gleichungstypen

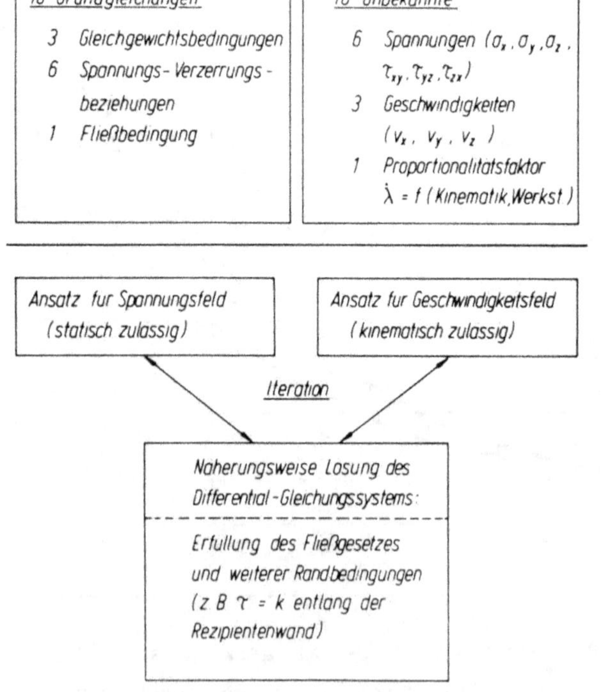

Bild 4: Prinzip des Fehlerabgleichverfahrens

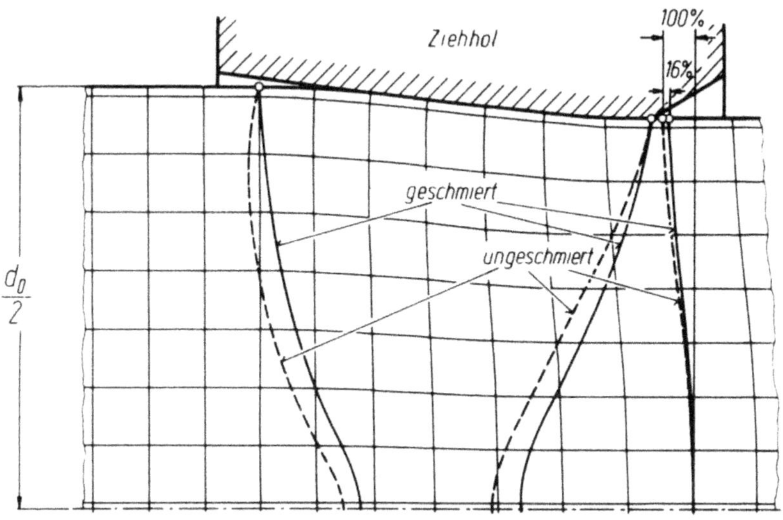

Bild 5: Einfluß unterschiedlicher Reibbedingungen auf
die Kinematik beim Ziehen von runden Stangen [36]

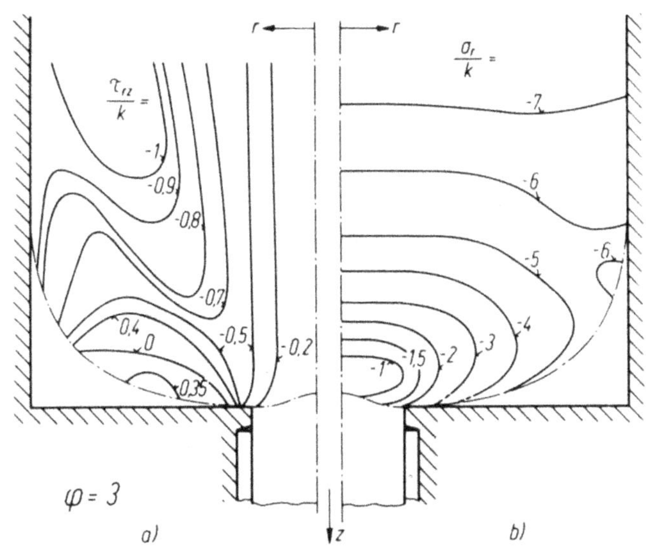

Bild 6: Schubspannungs- und Radialspannungsverlauf
beim Strangpressen nach Dalheimer [34]

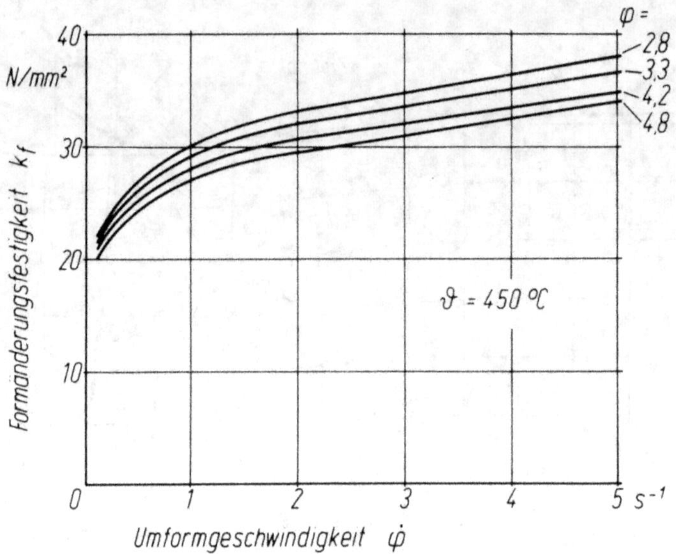

Bild 7: Formänderungsfestigkeit von AlMgSi 0,5 bei 450°C
in Abhängigkeit vom Umformgrad und von der Umformgeschwindigkeit

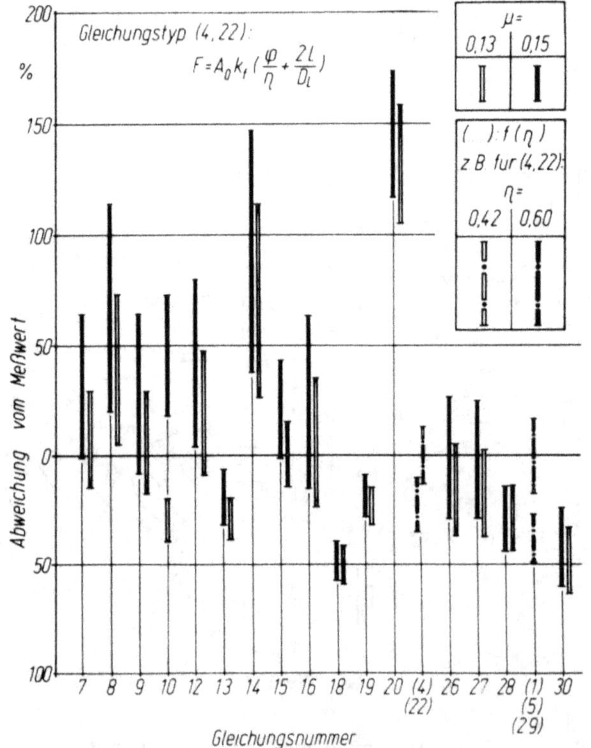

Bild 8: Abweichung der errechneten von den gemessenen Preßkräften beim direkten Strangpressen

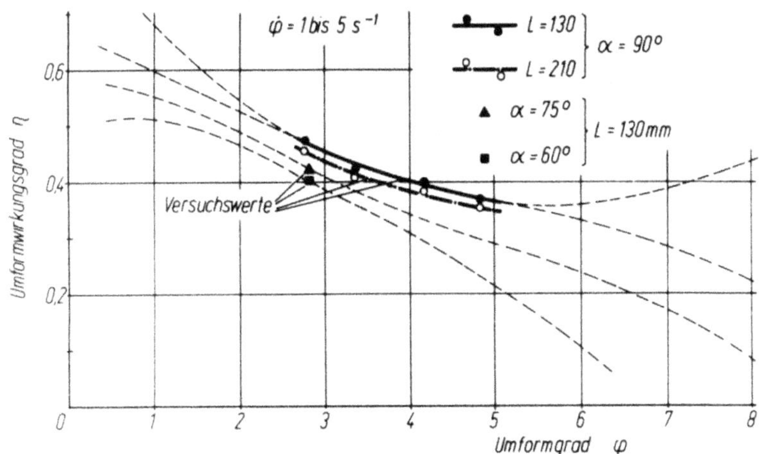

Bild 9: Abhängigkeit des Umformwirkungsgrades von den Preßparametern beim direkten Strangpressen

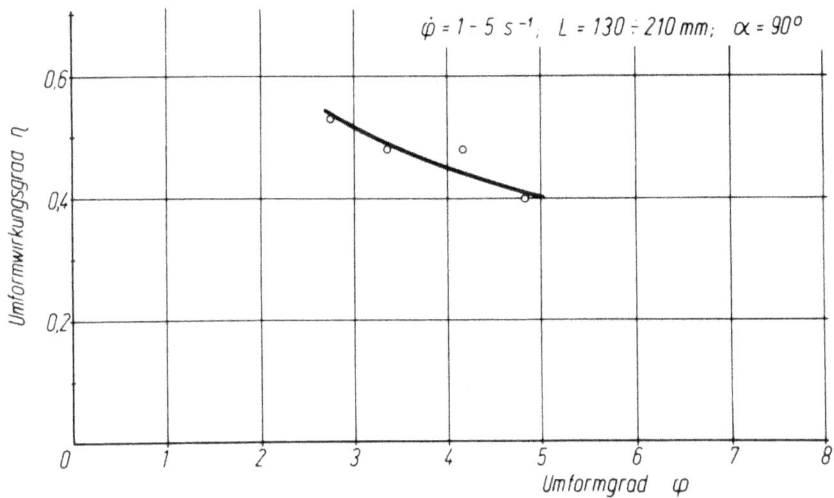

Bild 10: Abhängigkeit des Umformwirkungsgrades von den Preßparametern beim indirekten Strangpressen

Symbol	Symbolbedeutung
A_0	Rezipientenquerschnitt
A_f	Matrizenquerschnitt (Strangquerschnitt)
D_L	Rezipientendurchmesser
D_f	Matrizendurchmesser (Strangdurchmesser)
F	berechnete Preßkraft
k_f	Formänderungsfestigkeit
k_{fo}	Formänderungsfestigkeit bei $\varphi = o$
k_w	Umformwiderstand
L	Blocklänge des angestauchten Blockes
L_N	momentane (jeweilige) Blocklänge
L_M	Reiblänge in der Matrize
L_{BN}	Blocknutzungslänge = $L - L_{PR}$
L_{PR}	Preßrestlänge
v_0	Stempelgeschwindigkeit
α	halber Matrizenöffnungswinkel
η	Umformwirkungsgrad
μ	Reibkoeffizient zwischen Rezipienten und Blockmantel
μ_2	Reibkoeffizient zwischen Matrize und Strang
φ	Formänderung
δ_B	Werkstoffestigkeit

Quelle	Verfasser	Formel
1	Siebel/ Fink	$F = A_o \cdot k_w \cdot \varphi$
2	Siebel/ Fink	$F = A_o \cdot k_w \cdot (\varphi + 4\mu L/D_L)$
3	Geleji	$F = (A_o + Z \cdot V) \cdot (2k_{wm} - k_f)$ $Z = C \cdot \sqrt[4]{V_o/(L-b)} \qquad C = 0{,}025$ $V = (L-b) \cdot A_o$ $b = (D_L - D_f)/2$ $k_{wm} = \dfrac{k_f}{1 - (1+\mu_1/\sin\alpha_1) \cdot (A_o-A_f)/2A_o}$ $\mu_1 = 0{,}6; \quad \sin\alpha_1 = 0{,}7$
4	Akeret/ Künzli	$F = A_o \cdot k_f \cdot (C \cdot \varphi/\eta + 2L_{BN}/D_L)$ $C = 1$ bei runden Preßquerschnitten
5	Akeret/ Künzli	$F = A_o \cdot k_f \cdot C \cdot \varphi/\eta$ $C = 1$ bei runden Preßquerschnitten
6	Laue/ Hornauer	$F = A_o \cdot k_w \cdot (\varphi + 4\mu L_{BN}/D_L)$
7	Sachs/ Eisbein	$F = A_o \cdot k_f \cdot \left\{ \exp(4\mu L/D_L) \cdot \left\{ (1+\tan\alpha/\mu) \cdot \left[(A_o/A_f)^{\mu/\tan\alpha} -1 \right] +1 \right\} -1 \right\}$
8	Amann	$F = A_o \cdot k_f \cdot \left\{ \left[1 + 1{,}5 \cdot \ln(A_o/A_f) \right] \cdot \exp(4\mu L/D_L) -1 \right\}$

Quelle	Verfasser	Formel
9	Stone	$F = A_o \cdot k_f \cdot \left\{ \left[1,5 \cdot \ln(A_o/A_f) - 1 \right] \cdot \exp\left(4\mu L/D_L\right) + 1 \right\}$
10	Sachs/ Filippi	$F = A_o \cdot k_f \cdot \left\{ \left[(\tan\alpha/\mu + 1) \cdot (A_o/A_f \cdot \mu/\tan\alpha - 1) - 1 \right] \right.$ $\left. \cdot \exp\left(4\mu L/D_L\right) + 1 \right\}$
11	Prosorow	$F = A_o \cdot C \cdot k_f \cdot \varphi \cdot (1 + \mu\, L_{BN}/D_L)$
		$C = 4$ bei runden Preßquerschnitten
12	Fritzsch/ Kögel	$F = 1,2 \cdot A_o \cdot k_f \cdot \varphi \cdot (0,0022\, \alpha^\circ + 1)$ $\cdot \exp\left(0,8\, \mu/\tan\alpha + 4\mu L/D_L\right)$
13	Treco	$F = A_o \cdot k_f \cdot \left\{ (A_o/A_f)^{\mu/\tan\alpha} \cdot \left[\exp(4\mu L/D_L) + 1 \right] \right.$ $\cdot \left[2 + \tan\alpha/\mu - \exp(4\mu_2 L_M/D_f) \right]$ $- \left[\exp(4\mu L/D_L) + 1 \right] \cdot \tan\alpha/\mu - 2\, \exp(4\mu L/D_L)$ $\left. + \exp(4\mu_2 L_M/D_f) - 1 \right\}$
		für Profile mit konischer Matrize
14	Treco	$F = A_o \cdot k_f \cdot \left\{ \ln(A_o/A_f) \cdot \left[\exp(4\mu L/D_L) + 1 \right] \right.$ $\left. + \left[\exp(4\mu_2 L_M/D_f) - 1 \right] \cdot \left[\exp(4\mu L/D_L) + 2 \right] \right\}$
		für Vollprofile mit ebener Matrize ($\alpha = 90\,^\circ$)

Quelle	Verfasser	Formel
15	Pfitzmann	$F = A_o \cdot k_f \cdot \left\{ \left\{ \left[\exp\left(4\mu_2 L_M / D_f\right) + \tan\alpha/\mu \right] \cdot \left(A_o/A_f\right)^{\mu/\tan\alpha} - 2 - \tan\alpha/\mu \right\} \cdot \exp\left(4\mu L/D_L\right) + 1 \right\}$ für Matrizenwinkel $\alpha \leqslant 75\,^{\circ}$
16	Pfitzmann	$F = A_o \cdot k_f \cdot \left\{ \left[\exp\left(4\mu_2 L_M / D_f\right) + \varphi - 2 \right] \cdot \exp\left(4\mu L/D_f\right) + 1 \right\}$ für α zwischen $75\,^{\circ}$ und $90\,^{\circ}$
17	Ursell	$F = A_o \cdot k_w \cdot (a + b \cdot \varphi) \cdot \exp\left(4\mu L/D_L\right)$ (auch für Profile) $a = 0{,}8\ \ldots 0{,}9$ bei flachen Matrizen $b = 1{,}5$ bei flachen Matrizen
18	Feldmann	$F = A_o \cdot k_f \cdot \varphi \cdot \left(1 + \dfrac{\mu}{\alpha} + \dfrac{2}{3}\dfrac{\alpha}{\varphi}\right) + \pi \cdot D_L \cdot L \cdot \mu \cdot k_{fo}$
19	Sieber	$F = A_o \cdot k_f \cdot (\varphi + 0{,}6) \cdot (1{,}25 + 4\mu L/D_L)$
20	Lindner/ Müller	$F = A_o \cdot k_f \cdot (1 + 2\mu L/D_L)$ $\cdot \left[\dfrac{2}{1 - (1 + \mu_1/\sin\alpha_1) \cdot (A_o - A_f)/2A_o} - 1 \right]$ bei $\alpha > 45\,^{\circ}$ ist $\alpha_1 = 45\,^{\circ}$ bei $\alpha < 45\,^{\circ}$ ist $\alpha_1 = \alpha$ und $\mu_1 = \mu$

Quelle	Verfasser	Formel
21	Pearson/ Parkins	$F = A_o \cdot k_f \cdot (1 + \tan\alpha/\mu) \cdot \left[(A_o/A_f)^{\mu/\tan\alpha} - 1 \right]$
		nur für kleine Matrizenwinkel
22	Stüwe	$F = A_o \cdot k_f \cdot (\varphi/\eta + 2L_{BN}/D_L)$
23	Hauttmann	$F = A_o \cdot \sigma_B \cdot 0{,}54 \cdot \left[10 \cdot (1 - e^{-\varphi}) - 1 \right]$
24	Sejournet	$F = A_o \cdot k_w \cdot \varphi \cdot \exp(4\mu L/D_L)$
		für Strangpressen von Stahl
25	Stepanskie	$F = A_o \cdot k_f \cdot \varphi \cdot \left[1 + \dfrac{\mu}{\sqrt{3}} \cdot \dfrac{\sin\alpha - \alpha \cdot \cos\alpha}{\alpha^2 + 2(1 - \alpha \cdot \sin\alpha - \cos\alpha)} \right]$
26	Fritzsch/ Kögel	$F = A_o \cdot k_f \cdot \left\{ \left[\varphi \cdot (0{,}0022\,\alpha^{\circ} + 1) \cdot \exp(0{;}8\,\mu/\tan\alpha) - k_{fo}/k_f \right] \right.$ $\left. \cdot \exp(4\mu L/D_L) + k_{fo}/k_f \right\} \cdot 1{,}2$
		für Strangpressen von Stahl
27	Feltham	$F = A_o \cdot k_f \cdot \varphi \cdot \exp(4\mu L/D_L)$
28	Storoschew/ Popow	$F = A_o \cdot k_f \cdot (\varphi + 4\mu_2 L_M/D_f + 2\,L/D_L)$
		für $\alpha \geq 60^{\circ}$
29	Buffet/ Jaoul	$F = A_o \cdot k_f \cdot \varphi \cdot f(\mu)$
30	Unksow	$F = A_o \cdot k_f \cdot \left[(\varphi/\alpha + 4\mu L_M/D_f - 1) \cdot \exp(4\mu L/D_L) + 1 \right]$

Quelle	Verfasser	Formel
31	Portevin	$F = 1{,}3 \cdot m \cdot n \; A_o \cdot k_f \cdot \varphi \cdot (1 + 4\mu L/D_L)$
		$m, n = f(\text{Geom. des Rohlings})$
32	Siebel/ Fangmeier	$F = A_o \cdot k_f \cdot \left[\varphi + 4\mu \cdot (L/D_L + D_f \, L_M/D_L^{\,2}) \right] / \eta$
33	Gubkin	$F = A_o \cdot k_f \cdot n \left\{ \left[\varphi + \exp(4\mu_2 L_M/D_f) \right] \cdot \exp(4\mu L_{BN}/D_L) - 1 \right\}$
		$n = \text{Korrekturfaktor}$

FORSCHUNGSBERICHTE
des Landes Nordrhein-Westfalen

Herausgegeben
im Auftrage des Ministerpräsidenten Heinz Kühn
vom Minister für Wissenschaft und Forschung Johannes Rau

Die »Forschungsberichte des Landes Nordrhein-Westfalen« sind in
zwölf Fachgruppen gegliedert:

Wirtschafts- und Sozialwissenschaften
Verkehr
Energie
Medizin/Biologie
Physik/Mathematik
Chemie
Elektrotechnik/Optik
Maschinenbau/Verfahrenstechnik
Hüttenwesen/Werkstoffkunde
Metallverarb. Industrie
Bau/Steine/Erden
Textilforschung

Die Neuerscheinungen in einer Fachgruppe können im Abonnement
zum ermäßigten Serienpreis bezogen werden. Sie verpflichten sich durch
das Abonnement einer Fachgruppe nicht zur Abnahme einer
bestimmten Anzahl Neuerscheinungen, da Sie jeweils unter Einhaltung
einer Frist von 4 Wochen kündigen können.

WESTDEUTSCHER VERLAG
5090 Leverkusen 3 · Postfach 300 620

GPSR Compliance
The European Union's (EU) General Product Safety Regulation (GPSR) is a set
of rules that requires consumer products to be safe and our obligations to
ensure this.

If you have any concerns about our products, you can contact us on

ProductSafety@springernature.com

In case Publisher is established outside the EU, the EU authorized
representative is:

Springer Nature Customer Service Center GmbH
Europaplatz 3
69115 Heidelberg, Germany